1 たし算・ひき算のふく習

月　日　名前　｜　はじめ　時　分　おわり　時　分

1 計算をしましょう。

〔1問　3点〕

① 　126
　＋　32

② 　147
　＋　28

③ 　254
　＋135

④ 　346
　＋237

⑤ 　475
　＋348

⑥ 　163
　－　45

⑦ 　285
　－　67

⑧ 　654
　－132

⑨ 　473
　－125

⑩ 　438
　－176

⑪ 　532
　－280

⑫ 　446
　－181

⑬ 　753
　－209

⑭ 　436
　－176

⑮ 　768
　－519

⑯ 　710
　－567

⑰ 　802
　－234

⑱ 　765
　－209

⑲ 　405
　－243

⑳ 　420
　－228

JN028752

計算をしましょう。　　　　　　　　　　　　　　〔1問　2点〕

①　　657
　　＋541

②　　548
　　＋775

③　1386
　＋　402

④　1452
　＋　647

⑤　1397
　＋1494

⑥　1428
　＋1864

⑦　1493
　＋1888

⑧　1567
　－　254

⑨　1756
　－　483

⑩　1710
　－　567

⑪　1403
　－　208

⑫　1485
　－　664

⑬　1322
　－　631

⑭　1248
　－　619

⑮　2394
　－1265

⑯　2808
　－1327

⑰　2822
　－1427

⑱　1376
　－1198

⑲　2356
　－1606

⑳　3007
　－1249

たし算とひき算のひっ算を思い出そう。

点

2 かけ算・わり算のふく習

月　日　名前　　　　　　はじめ　時　分　おわり　時　分

1 計算をしましょう。

〔1問　2点〕

① 　　24
　　×　2

② 　　32
　　×　3

③ 　　18
　　×　4

④ 　　27
　　×　6

⑤ 　126
　　×　　2

⑥ 　423
　　×　　4

⑦ 　708
　　×　　9

⑧ 　　23
　　×12

⑨ 　　32
　　×24

⑩ 　　37
　　×45

⑪ 　　40
　　×24

⑫ 　　62
　　×54

⑬ 　　53
　　×27

⑭ 　　60
　　×70

⑮ 　224
　　×　12

⑯ 　305
　　×　23

⑰ 　623
　　×　27

⑱ 　293
　　×　40

⑲ 　372
　　×　87

⑳ 　508
　　×　90

2 計算をしましょう。

① $18 \div 2 =$

② $24 \div 3 =$

③ $32 \div 4 =$

④ $35 \div 5 =$

⑤ $42 \div 6 =$

⑥ $49 \div 7 =$

⑦ $64 \div 8 =$

⑧ $54 \div 9 =$

⑨ $15 \div 2 =$

⑩ $20 \div 3 =$

⑪ $25 \div 4 =$

⑫ $32 \div 5 =$

⑬ $40 \div 6 =$

⑭ $58 \div 7 =$

⑮ $60 \div 8 =$

⑯ $17 \div 2 =$

⑰ $23 \div 3 =$

⑱ $35 \div 4 =$

⑲ $43 \div 6 =$

⑳ $51 \div 7 =$

㉑ $63 \div 8 =$

㉒ $76 \div 9 =$

㉓ $8 \div 1 =$

㉔ $20 \div 2 =$

㉕ $30 \div 3 =$

㉖ $80 \div 4 =$

㉗ $55 \div 5 =$

㉘ $26 \div 2 =$

㉙ $69 \div 3 =$

㉚ $84 \div 4 =$

かけ算のひっ算と，わり算を思い出そう。

4

点

チェックテスト

| 月 日 | 名前 | | はじめ 時 分 | おわり 時 分 |

1 次の計算をしましょう。 〔1問 2点〕

①
```
  2 4 7
− 1 2 5
```

②
```
  1 8 4
−   9 2
```

③
```
  7 0 0
− 4 2 3
```

④
```
  1 5 2 0
−   2 4 6
```

⑤
```
  1 4 0 3
−   2 3 7
```

⑥
```
  1 3 1 4
−   1 6 2
```

⑦
```
  1 3 5 2
−   8 4 8
```

⑧
```
  2 3 6 8
− 1 2 7 7
```

⑨
```
  2 6 1 4
− 1 8 4 9
```

⑩
```
  2 0 5 3
− 1 2 9 5
```

2 次の計算をしましょう。 〔1問 2点〕

①
```
  4 6
×  5
```

②
```
  3 2
×  2
```

③
```
  5 4
×  7
```

④
```
  9 7
×  6
```

⑤
```
  2 7
×  3
```

⑥
```
  6 8
×  9
```

⑦
```
  3 8 7
×    6
```

⑧
```
  1 3 9
×    5
```

⑨
```
  4 8 0
×    7
```

⑩
```
  4 7 6
×    4
```

⑪
```
  6 0 8
×    9
```

3 次の計算をしましょう。　　　　　　　　　　　　〔1問　2点〕

❶
$$\begin{array}{r} 47 \\ \times\ 34 \\ \hline \end{array}$$

❸
$$\begin{array}{r} 63 \\ \times\ 40 \\ \hline \end{array}$$

❺
$$\begin{array}{r} 99 \\ \times\ 67 \\ \hline \end{array}$$

❼
$$\begin{array}{r} 407 \\ \times\ \ \ 60 \\ \hline \end{array}$$

❷
$$\begin{array}{r} 64 \\ \times\ 61 \\ \hline \end{array}$$

❹
$$\begin{array}{r} 56 \\ \times\ 35 \\ \hline \end{array}$$

❻
$$\begin{array}{r} 50 \\ \times\ 26 \\ \hline \end{array}$$

❽
$$\begin{array}{r} 829 \\ \times\ \ \ 57 \\ \hline \end{array}$$

4 次の計算をしましょう。　　　　　　　　　　　　〔1問　3点〕

❶　$29 \div 3 =$

❷　$45 \div 8 =$

❸　$63 \div 9 =$

❹　$52 \div 7 =$

❺　$43 \div 5 =$

❻　$80 \div 8 =$

❼　$32 \div 6 =$

❽　$44 \div 8 =$

❾　$27 \div 4 =$

❿　$56 \div 9 =$

⓫　$48 \div 4 =$

⓬　$80 \div 9 =$

⓭　$96 \div 3 =$

⓮　$78 \div 8 =$

答え合わせをして点数をつけてから，99ページ
の **アドバイス** を読もう。

点

| 月 | 日 | 名前 | | はじめ | 時　分 | おわり | 時　分 |

1 計算をしましょう。

〔1問　2点〕

① $60 \div 2 = 30$

② $60 \div 3 =$

③ $80 \div 2 =$

④ $80 \div 4 =$

⑤ $90 \div 3 =$

⑥ $100 \div 2 =$

⑦ $100 \div 5 =$

⑧ $120 \div 3 =$

⑨ $120 \div 4 =$

⑩ $140 \div 2 =$

⑪ $140 \div 7 =$

⑫ $150 \div 3 =$

⑬ $150 \div 5 =$

⑭ $160 \div 2 =$

⑮ $160 \div 4 =$

⑯ $160 \div 8 =$

⑰ $180 \div 2 =$

⑱ $180 \div 3 =$

⑲ $180 \div 6 =$

⑳ $180 \div 9 =$

何十，何百のわり算をれん習しよう。

2 計算をしましょう。

〔1問 3点〕

① $200 \div 4 = 50$

② $200 \div 5 =$

③ $210 \div 3 =$

④ $210 \div 7 =$

⑤ $240 \div 4 =$

⑥ $240 \div 8 =$

⑦ $280 \div 7 =$

⑧ $300 \div 5 =$

⑨ $320 \div 4 =$

⑩ $320 \div 8 =$

⑪ $350 \div 7 =$

⑫ $360 \div 4 =$

⑬ $360 \div 6 =$

⑭ $400 \div 8 =$

⑮ $420 \div 6 =$

⑯ $480 \div 8 =$

⑰ $540 \div 9 =$

⑱ $560 \div 7 =$

⑲ $630 \div 9 =$

⑳ $720 \div 8 =$

まちがえた問題は，もう一度やり直してみよう。

点

5 何十でわる計算

むずかしさ ★★☆

| 月 日 | 名前 | | はじめ 時 分 | おわり 時 分 |

1 計算をしましょう。

〔1問 2点〕

① 60÷20＝ 3

② 60÷30＝

③ 80÷20＝ □

④ 80÷30＝ □ あまり □

⑤ 90÷20＝

⑥ 90÷30＝

⑦ 100÷20＝

⑧ 100÷30＝

⑨ 100÷40＝

⑩ 120÷40＝

⑪ 120÷50＝

⑫ 150÷30＝

⑬ 150÷40＝

⑭ 160÷50＝

⑮ 180÷30＝

⑯ 180÷40＝

⑰ 180÷50＝

⑱ 200÷50＝

⑲ 200÷60＝

⑳ 200÷70＝

何十でわるわり算をれん習しよう。

9

2 計算をしましょう。

① 240÷40＝

② 240÷50＝

③ 270÷30＝

④ 270÷40＝

⑤ 270÷50＝

⑥ 320÷80＝

⑦ 320÷90＝

⑧ 350÷60＝

⑨ 350÷70＝

⑩ 400÷70＝

⑪ 450÷60＝

⑫ 450÷80＝

⑬ 450÷90＝

⑭ 500÷60＝

⑮ 540÷60＝

⑯ 540÷70＝

⑰ 600÷70＝

⑱ 600÷80＝

⑲ 640÷80＝

⑳ 640÷90＝

まちがえた問題は，もう一度やり直してみよう。

点

6 2けた÷1けた（1）

むずかしさ ★★☆

| 月　　日 | 名前 | はじめ 時　分 | おわり 時　分 |

1 わり算をしましょう。　　　　　　　　　　〔1問　3点〕

① 10 ÷ 2 = ☐　　→ ひっ算 →　2)10　　ここに答えを書きましょう。

② 14 ÷ 3 = ☐ あまり ☐　→ ひっ算 →　3)14　☐ … ☐　ここにあまりを書きましょう。
「…」は「あまり」をあらわします。

2 計算をしましょう。　　　　　　　　　　〔1問　3点〕

① 2)12

⑤ 6)30

⑨ 2)15　☐ … ☐

⑬ 6)37

② 3)18

⑥ 7)28

⑩ 3)20　☐ … ☐

⑭ 7)44

③ 4)24

⑦ 8)32

⑪ 4)26　☐ … ☐

⑮ 8)46

④ 5)25

⑧ 9)36

⑫ 5)26

⑯ 9)76

©くもん出版

 わり算のひっ算をれん習しよう。

3 計算をしましょう。　　　　　　　　　　　　　　　　　〔1問　2点〕

① 2⟌2 6

② 2⟌2 8

③ 2⟌4 0

④ 2⟌4 2

⑤ 2⟌4 4

⑥ 2⟌4 6

⑦ 2⟌4 8

⑧ 2⟌6 0

⑨ 2⟌6 4

⑩ 2⟌8 0

⑪ 2⟌3 0

⑫ 2⟌3 2

⑬ 3⟌3 6

⑭ 3⟌3 9

⑮ 3⟌6 0

⑯ 3⟌6 3

⑰ 3⟌6 9

⑱ 3⟌4 2

⑲ 3⟌4 8

⑳ 3⟌5 4

㉑ 3⟌7 2

㉒ 3⟌8 1

㉓ 3⟌9 9

12　　まちがえた問題は，もう一度やり直してみよう。

点

| 月 日 | 名前 | はじめ 時 分 | おわり 時 分 |

1 計算をしましょう。

〔1問 2点〕

① 3）24

② 3）33

③ 3）48

④ 3）51

⑤ 3）69

⑥ 3）75

⑦ 4）44

⑧ 4）48

⑨ 4）52

⑩ 4）64

⑪ 4）76

⑫ 4）80

⑬ 4）72

⑭ 4）60

⑮ 4）68

⑯ 4）56

⑰ 4）84

⑱ 4）96

⑲ 4）32

⑳ 4）24

2 計算をしましょう。

① $5\overline{)15}$　　⑥ $5\overline{)65}$　　⑪ $6\overline{)48}$　　⑯ $3\overline{)51}$

② $5\overline{)25}$　　⑦ $5\overline{)80}$　　⑫ $6\overline{)54}$　　⑰ $2\overline{)52}$

③ $5\overline{)40}$　　⑧ $5\overline{)90}$　　⑬ $6\overline{)66}$　　⑱ $4\overline{)52}$

④ $5\overline{)75}$　　⑨ $6\overline{)24}$　　⑭ $6\overline{)72}$　　⑲ $3\overline{)54}$

⑤ $5\overline{)55}$　　⑩ $6\overline{)30}$　　⑮ $6\overline{)84}$　　⑳ $2\overline{)54}$

まちがえた問題は、もう一度やり直してみよう。

点

| 月 日 | 名前 | | はじめ 時 分 | おわり 時 分 |

1 計算をしましょう。　　　　　　　　　　　　　　　　〔1問　2点〕

① 2)56　　　⑥ 3)60　　　⑪ 7)63　　　⑯ 2)70

② 4)56　　　⑦ 4)60　　　⑫ 9)63　　　⑰ 5)70

③ 7)56　　　⑧ 5)60　　　⑬ 2)66　　　⑱ 7)70

④ 8)56　　　⑨ 6)60　　　⑭ 3)66　　　⑲ 8)72

⑤ 2)60　　　⑩ 3)63　　　⑮ 6)66　　　⑳ 9)72

2 計算をしましょう。

❶ $2 \overline{)78}$

❷ $3 \overline{)78}$

❸ $6 \overline{)78}$

❹ $2 \overline{)80}$

❺ $4 \overline{)80}$

❻ $5 \overline{)80}$

❼ $8 \overline{)80}$

❽ $3 \overline{)81}$

❾ $9 \overline{)81}$

❿ $3 \overline{)84}$

⓫ $4 \overline{)84}$

⓬ $6 \overline{)84}$

⓭ $7 \overline{)84}$

⓮ $2 \overline{)90}$

⓯ $3 \overline{)90}$

⓰ $5 \overline{)90}$

⓱ $6 \overline{)90}$

⓲ $9 \overline{)90}$

⓳ $2 \overline{)96}$

⓴ $3 \overline{)96}$

©くもん出版

答えを書き終わったら，見直しをしよう。まちがいがなくなるよ。

16

点

月　　日　名前

 時　分　 時　分

1　計算をしましょう。

〔1問　2点〕

① 2⟌24

② 2⟌25

③ 2⟌26

④ 2⟌27

⑤ 2⟌28

⑥ 3⟌36

⑦ 3⟌37

⑧ 3⟌38

⑨ 3⟌45

⑩ 3⟌46

⑪ 4⟌52

⑫ 4⟌53

⑬ 4⟌54

⑭ 4⟌56

⑮ 4⟌58

⑯ 5⟌60

⑰ 5⟌62

⑱ 5⟌63

⑲ 5⟌65

⑳ 5⟌67

❶ 2)37

❻ 3)58

⓫ 4)55

⓰ 5)64

❷ 2)41

❼ 3)62

⓬ 5)56

⓱ 6)65

❸ 2)55

❽ 4)49

⓭ 6)57

⓲ 7)66

❹ 3)34

❾ 4)59

⓮ 7)58

⓳ 8)67

❺ 3)47

❿ 4)60

⓯ 4)63

⓴ 9)68

©くもん出版

まちがえた問題は，もう一度やり直してみよう。

点

| 月 日 | 名前 | はじめ 時 分 おわり 時 分 |

1 計算をしましょう。　　　　　　　　　　　　　〔1問 2点〕

① 2)76

② 4)76

③ 5)76

④ 6)76

⑤ 7)76

⑥ 2)77

⑦ 3)77

⑧ 5)77

⑨ 6)77

⑩ 8)77

⑪ 2)78

⑫ 4)78

⑬ 6)78

⑭ 7)78

⑮ 8)78

⑯ 9)78

⑰ 2)79

⑱ 3)79

⑲ 4)79

⑳ 5)79

©くもん出版

19

2 計算をしましょう。

① 6⟌79

⑥ 3⟌80

⑪ 3⟌82

⑯ 4⟌83

② 7⟌79

⑦ 4⟌80

⑫ 4⟌82

⑰ 5⟌83

③ 8⟌79

⑧ 5⟌80

⑬ 5⟌82

⑱ 6⟌83

④ 9⟌79

⑨ 7⟌80

⑭ 6⟌82

⑲ 7⟌83

⑤ 2⟌80

⑩ 2⟌82

⑮ 8⟌82

⑳ 9⟌83

まちがえた問題は，もう一度やり直してみよう。

点

| 月 日 | 名前 | はじめ 時 分 | おわり 時 分 |

1 計算をしましょう。 〔1問 2点〕

① 2)85

② 4)85

③ 5)85

④ 6)85

⑤ 7)85

⑥ 3)87

⑦ 6)87

⑧ 7)87

⑨ 8)87

⑩ 9)87

⑪ 2)89

⑫ 4)89

⑬ 6)89

⑭ 7)89

⑮ 8)89

⑯ 9)89

⑰ 2)90

⑱ 3)90

⑲ 4)90

⑳ 5)90

2 計算をしましょう。

〔1問 3点〕

① 6$\overline{)90}$

② 7$\overline{)90}$

③ 8$\overline{)90}$

④ 9$\overline{)90}$

⑤ 3$\overline{)91}$

⑥ 4$\overline{)91}$

⑦ 5$\overline{)91}$

⑧ 7$\overline{)91}$

⑨ 8$\overline{)91}$

⑩ 9$\overline{)91}$

⑪ 3$\overline{)93}$

⑫ 4$\overline{)93}$

⑬ 5$\overline{)93}$

⑭ 8$\overline{)93}$

⑮ 9$\overline{)93}$

⑯ 4$\overline{)94}$

⑰ 5$\overline{)94}$

⑱ 7$\overline{)94}$

⑲ 8$\overline{)94}$

⑳ 9$\overline{)94}$

©くもん出版

答えを書き終わったら，見直しをしよう。まちがいがなくなるよ。

点

22

12 3けた÷1けた(1)

月 日	名前	はじめ 時 分 おわり 時 分

1 計算をしましょう。

〔1問 4点〕

① 2)120 　→ 60

② 2)140 　→ □□

③ 2)164

④ 2)186

⑤ 3)153

⑥ 3)186

⑦ 3)219

⑧ 3)243

⑨ 2)132

⑩ 3)135

⑪ 4)148

⑫ 5)145

⑬ 6)156

⑭ 7)154

⑮ 8)168

⑯ 9)162

2 計算をしましょう。 〔1問 2点〕

① 2)186 [□□]

② 2)246 [□□□]

③ 2)624

④ 2)846

⑤ 3)213

⑥ 3)369

⑦ 3)639

⑧ 3)960

⑨ 2)380

⑩ 3)381

⑪ 4)384

⑫ 5)385

⑬ 6)396

⑭ 7)392

⑮ 8)464

⑯ 9)414

⑰ 2)520

⑱ 3)420

まちがえた問題は、もう一度やり直してみよう。

24

点

| 月　　日 | 名前 | はじめ　時　分　おわり　時　分 |

1 計算をしましょう。　　　　　　　　　　　　　　　　〔1問　4点〕

① 2）224

② 4）228

③ 6）234

④ 7）238

⑤ 8）256

⑥ 3）348

⑦ 5）345

⑧ 7）364

⑨ 8）368

⑩ 9）378

⑪ 4）460

⑫ 6）462

⑬ 8）464

⑭ 9）468

⑮ 4）612

⑯ 5）615

2 計算をしましょう。

〔1問 2点〕

① 7)616

② 8)608

③ 9)612

④ 2)630

⑤ 4)660

⑥ 5)630

⑦ 9)630

⑧ 3)300

⑨ 3)306

⑩ 3)318 （□ 1 0 □）

⑪ 3)618 （□ □ □）

⑫ 3)624

⑬ 4)412

⑭ 2)618

⑮ 4)812

⑯ 6)618

⑰ 7)721

⑱ 8)816

©くもん出版

まちがえた問題は，もう一度やり直してみよう。

26

[   ]点

3けた÷1けた（3）

| 月 日 | 名前 | | はじめ 時 分 | おわり 時 分 |

1 計算をしましょう。　　　　　　　　　　　〔1問　4点〕

❶ 2)612

❷ 4)756

❸ 6)612

❹ 7)756

❺ 8)752

❻ 3)816

❼ 5)820

❽ 8)824

❾ 9)810

❿ 4)428

⓫ 6)636

⓬ 7)686

⓭ 8)720

⓮ 9)729

⓯ 3)903

⓰ 5)945

① $6 \overline{)852}$

② $7 \overline{)763}$

③ $9 \overline{)945}$

④ $2 \overline{)416}$

⑤ $3 \overline{)321}$

⑥ $4 \overline{)576}$

⑦ $3 \overline{)438}$

⑧ $4 \overline{)636}$

⑨ $5 \overline{)525}$

⑩ $6 \overline{)330}$

⑪ $8 \overline{)416}$

⑫ $9 \overline{)234}$

⑬ $4 \overline{)392}$

⑭ $5 \overline{)380}$

⑮ $6 \overline{)240}$

⑯ $7 \overline{)735}$

⑰ $8 \overline{)848}$

⑱ $9 \overline{)963}$

まちがえた問題は，もう一度やり直してみよう。

点

月　　日　　名前　　はじめ　時　　分　おわり　時　　分

1 計算をしましょう。　　　　　　　〔1問　4点〕

① 2)616

② 4)636

③ 6)642

④ 7)644

⑤ 8)672

⑥ 3)678

⑦ 5)680

⑧ 8)688

⑨ 9)693

⑩ 4)696

⑪ 6)702

⑫ 7)714

⑬ 8)712

⑭ 9)720

⑮ 3)720

⑯ 5)720

©くもん出版

2 計算をしましょう。

① 6)720

② 7)728

③ 2)748

④ 3)750

⑤ 4)752

⑥ 5)760

⑦ 8)768

⑧ 9)774

⑨ 4)788

⑩ 5)790

⑪ 6)792

⑫ 8)800

⑬ 9)801

⑭ 3)804

⑮ 4)812

⑯ 7)812

⑰ 8)816

⑱ 9)819

答えを書き終わったら，見直しをしよう。まちがいがなくなるよ。

点

| 月 日 | 名前 | はじめ 時 分 おわり 時 分 |

1 計算をしましょう。　　　　　　　　　　　　〔1問　4点〕

❶ 2〉820

❷ 4〉824

❸ 6〉828

❹ 8〉840

❺ 2〉846

❻ 3〉846

❼ 5〉850

❽ 7〉854

❾ 9〉864

❿ 3〉864

⓫ 6〉870

⓬ 7〉875

⓭ 8〉872

⓮ 3〉876

⓯ 4〉876

⓰ 5〉880

① □□□…□
2) 8 3 1

⑦ 7) 3 3 3

⑬ 9) 4 0 1

② 2) 4 5 7

⑧ 3) 4 0 1

⑭ 2) 5 1 7

③ 3) 4 5 8

⑨ 4) 4 0 1

⑮ 3) 5 1 7

④ 4) 6 3 4

⑩ 6) 4 0 1

⑯ 5) 5 1 7

⑤ 5) 3 3 3

⑪ 7) 4 0 1

⑰ 6) 5 1 7

⑥ 6) 3 3 3

⑫ 8) 4 0 1

⑱ 9) 5 1 7

まちがえた問題は，もう一度やり直してみよう。

点

はじめ　時　　分　おわり　時　　分

1 計算をしましょう。　　　　　　　　　　　　　　〔1問　4点〕

① 2)576

② 4)576

③ 6)576

④ 7)576

⑤ 8)576

⑥ 3)601

⑦ 5)601

⑧ 8)601

⑨ 9)601

⑩ 2)777

⑪ 4)777

⑫ 6)777

⑬ 7)777

⑭ 9)777

⑮ 3)801

⑯ 5)801

2 計算をしましょう。

①
$$7 \overline{)801}$$

②
$$8 \overline{)801}$$

③
$$9 \overline{)801}$$

④
$$5 \overline{)853}$$

⑤
$$7 \overline{)853}$$

⑥
$$8 \overline{)853}$$

⑦
$$9 \overline{)853}$$

⑧
$$2 \overline{)441}$$

⑨
$$3 \overline{)628}$$

⑩
$$4 \overline{)581}$$

⑪
$$6 \overline{)613}$$

⑫
$$8 \overline{)468}$$

⑬
$$9 \overline{)367}$$

⑭
$$3 \overline{)320}$$

⑮
$$4 \overline{)422}$$

⑯
$$5 \overline{)519}$$

⑰
$$6 \overline{)256}$$

⑱
$$9 \overline{)260}$$

答えを書き終わったら，見直しをしよう。まちがいがなくなるよ。

点

月　　日	名前	はじめ 時　分	おわり 時　分

1 計算をしましょう。　　　　　　　　　　　　〔1問　5点〕

① 2⟌1 2 4 6

④ 2⟌2 4 6 8

⑦ 2⟌4 1 6 0

② 5⟌1 2 0 5

⑤ 3⟌4 2 6 3

⑧ 4⟌4 0 7 6

③ 7⟌1 6 7 3

⑥ 6⟌2 5 6 2

⑨ 8⟌4 1 4 4

2 計算をしましょう。

〔1問 5点〕

① □□□□
2)5030

⑤ 5)7035

⑨ 6)8004

② 4)5036

⑥ 7)7035

⑩ 3)9006

③ 6)5034

⑦ 9)8001

⑪ 4)9068

④ 3)7032

⑧ 2)8012

©くもん出版

答えを書き終わったら，見直しをしよう。まちがいがなくなるよ。

点

月　　日　名前

はじめ　時　　分　おわり　時　　分

1 計算をしましょう。

〔1問　5点〕

①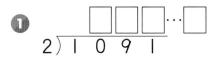

2) 1 0 9 1

④

4) 5 8 1 7

⑦

7) 7 2 3 9

②

4) 2 6 8 6

⑤

5) 8 6 8 3

⑧

8) 5 2 2 4

③

5) 5 1 9 3

⑥

6) 6 1 3 3

⑨

9) 3 6 7 9

2 計算をしましょう。

〔1問 5点〕

①
$$2\,\overline{)\,4157}$$

⑤
$$6\,\overline{)\,1218}$$

⑨
$$3\,\overline{)\,6078}$$

②
$$3\,\overline{)\,3926}$$

⑥
$$7\,\overline{)\,5989}$$

⑩
$$4\,\overline{)\,6132}$$

③
$$4\,\overline{)\,3458}$$

⑦
$$8\,\overline{)\,6935}$$

⑪
$$8\,\overline{)\,7576}$$

④
$$5\,\overline{)\,2340}$$

⑧
$$9\,\overline{)\,6138}$$

©くもん出版

まちがえた問題は，もう一度やり直してみよう。

点

20 2けたのわり算（1）

| 月 日 | 名前 | はじめ 時 分 | おわり 時 分 |

1 計算をしましょう。

〔1問 5点〕

①

```
        2 … 3
21 ) 4 5
     4 2    ← 21×2
     ───
       3    ←   4 5
            −  4 2
```

②

```
        2 … □
21 ) 4 7
     4 2
     ───
       □
```

③

```
        □ … □
21 ) 4 9
     □ □
     ───
       □
```

④

```
        □ … □
21 ) 6 5
     □ □
     ───
       □
```

⑤

```
21 ) 6 7
```

⑥

```
21 ) 6 9
```

⑦

```
        □ … □
21 ) 8 5
     □ □
     ───
       □
```

⑧

```
21 ) 8 6
```

⑨

```
21 ) 8 7
```

⑩

```
21 ) 8 9
```

2 計算をしましょう。　〔1問　5点〕

①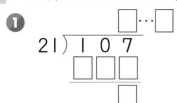
$$21\overline{)107}$$
□…□
□□□
□

②
$$21\overline{)109}$$

③
$$21\overline{)127}$$

④
$$21\overline{)129}$$

⑤
$$21\overline{)70}$$
3…□
□□
□

⑥
$$21\overline{)72}$$

⑦
$$21\overline{)78}$$
□…□□
□□
□□

⑧
$$21\overline{)94}$$

⑨
$$21\overline{)99}$$

⑩
$$21\overline{)119}$$

あまりは，わる数よりも小さくなくてはいけないよ。たしかめよう。

40

点

2けたのわり算（2）

月 日	名前	時 分 時 分

1 計算をしましょう。　　　　　　　　　　　　　〔1問　5点〕

① 21〉87

② 21〉84

③ 21〉83

④ 21〉90

⑤ 21〉82

⑥ 21〉108

⑦ 21〉105

⑧ 21〉102

⑨ 21〉110

⑩ 21〉128

2 　計算をしましょう。 〔1問　5点〕

① 21)130

② 21)135

③ 21)148

④ 21)147

⑤ 21)145

⑥ 21)168

⑦ 21)165

⑧ 21)178

⑨ 21)189

⑩ 21)204

あまりは，わる数よりも小さくなくてはいけないよ。たしかめよう。

42

点

| 月 日 | 名前 | | はじめ 時 分 | おわり 時 分 |

1 計算をしましょう。 〔1問 5点〕

① 31)65

② 31)75

③ 31)99

④ 31)90

⑤ 31)95

⑥ 31)110

⑦ 31)125

⑧ 31)120

⑨ 31)130

⑩ 31)140

①

31)145

⑥

31)215

②

31)155

⑦

31)220

③

31)150

⑧

31)245

④

31)185

⑨

31)250

⑤

31)190

⑩

31)300

©くもん出版

あまりは，わる数よりも小さくなくてはいけないよ。たしかめよう。

点

月　日　名前

はじめ　時　分　おわり　時　分

1 計算をしましょう。　　　〔1問　5点〕

① 41)85

② 41)81

③ 41)125

④ 41)123

⑤ 41)121

⑥ 41)165

⑦ 41)163

⑧ 41)208

⑨ 41)205

⑩ 41)235

©くもん出版

45

2 計算をしましょう。 〔1問 5点〕

① 41)248

② 41)246

③ 41)244

④ 41)280

⑤ 41)290

⑥ 41)320

⑦ 41)330

⑧ 41)360

⑨ 41)370

⑩ 41)400

答えを書き終わったら，見直しをしよう。まちがいがなくなるよ。

点

月　日　名前

はじめ　時　分　おわり　時　分

1 計算をしましょう。

〔1問　4点〕

① 22)5 2

⑤ 22)1 1 0

⑨ 22)1 5 4

② 22)7 5

⑥ 22)1 2 5

⑩ 22)1 6 5

③ 22)8 8

⑦ 22)1 3 2

⑪ 22)1 8 5

④ 22)1 0 0

⑧ 22)1 4 5

⑫ 22)2 0 0

2 計算をしましょう。

〔1問 4点〕

① 23〉46

② 23〉70

③ 23〉95

④ 23〉120

⑤ 23〉145

⑥ 23〉170

⑦ 23〉200

⑧ 32〉70

⑨ 32〉110

⑩ 32〉160

⑪ 32〉200

⑫ 32〉250

⑬ 32〉300

まちがえた問題は，もう一度やり直してみよう。

点

1 計算をしましょう。　　　　〔1問　4点〕

❶
33) 9 5

❺
33) 2 5 5

❾
42) 1 8 0

❷
33) 1 3 5

❻
33) 3 0 0

❿
42) 2 1 0

❸
33) 1 6 5

❼
42) 1 2 0

⓫
42) 3 0 0

❹
33) 2 1 5

❽
42) 1 5 0

⓬
42) 4 0 0

① 43)̅1̅0̅0̅

② 43)̅1̅5̅0̅

③ 43)̅2̅1̅5̅

④ 43)̅2̅8̅0̅

⑤ 43)̅3̅4̅0̅

⑥ 41)̅9̅0̅

⑦ 41)̅1̅2̅6̅

⑧ 41)̅1̅8̅5̅

⑨ 41)̅2̅5̅3̅

⑩ 42)̅9̅6̅

⑪ 42)̅1̅2̅6̅

⑫ 42)̅1̅8̅5̅

⑬ 42)̅2̅5̅3̅

答えを書き終わったら，見直しをしよう。まちがいがなくなるよ。

点

2けたのわり算（7）

| 月 日 | 名前 | | はじめ 時 分 おわり 時 分 |

1 計算をしましょう。

〔1問 4点〕

① 54) 110

② 54) 150

③ 54) 220

④ 55) 350

⑤ 55) 440

⑥ 55) 500

⑦ 56) 110

⑧ 56) 190

⑨ 56) 280

⑩ 57) 350

⑪ 57) 450

⑫ 57) 550

2 計算をしましょう。

① 63)⎺1⎺3⎺0⎺

② 63)⎺2⎺0⎺0⎺

③ 63)⎺2⎺6⎺0⎺

④ 64)⎺3⎺6⎺0⎺

⑤ 64)⎺4⎺8⎺0⎺

⑥ 64)⎺6⎺0⎺0⎺

⑦ 65)⎺1⎺4⎺0⎺

⑧ 65)⎺2⎺0⎺0⎺

⑨ 65)⎺2⎺6⎺0⎺

⑩ 66)⎺3⎺0⎺0⎺

⑪ 66)⎺3⎺6⎺0⎺

⑫ 66)⎺4⎺8⎺0⎺

⑬ 66)⎺6⎺0⎺0⎺

まちがえた問題は、もう一度やり直してみよう。

点

2けたのわり算（8）

月　日　名前

はじめ　時　分　おわり　時　分

1 計算をしましょう。

〔1問　4点〕

①
71) 216

⑤
73) 511

⑨
75) 456

②
72) 216

⑥
74) 511

⑩
76) 456

③
72) 355

⑦
75) 152

⑪
76) 608

④
73) 355

⑧
75) 300

⑫
76) 675

©くもん出版

2 計算をしましょう。　　　　　　　　　　　　　　　　　〔1問　4点〕

① 81)252

② 82)252

③ 82)415

④ 83)415

⑤ 83)756

⑥ 84)756

⑦ 85)255

⑧ 85)344

⑨ 85)425

⑩ 86)425

⑪ 86)688

⑫ 86)765

⑬ 86)777

答えを書き終わったら，見直しをしよう。まちがいがなくなるよ。

点

月　日　名前

1 計算をしましょう。

〔1問　4点〕

① 91)276

② 92)276

③ 92)465

④ 93)465

⑤ 93)644

⑥ 94)644

⑦ 95)285

⑧ 95)384

⑨ 95)475

⑩ 96)475

⑪ 96)700

⑫ 96)864

2 計算をしましょう。

〔1問　4点〕

① 28) 116

② 28) 203

③ 28) 252

④ 29) 116

⑤ 29) 203

⑥ 29) 252

⑦ 38) 117

⑧ 38) 193

⑨ 38) 304

⑩ 39) 117

⑪ 39) 193

⑫ 39) 304

⑬ 39) 368

まちがえた問題は，もう一度やり直してみよう。

点

29 2けたのわり算（10）

1 計算をしましょう。

〔1問　4点〕

① 44〉132

⑤ 45〉352

⑨ 55〉395

② 44〉352

⑥ 45〉400

⑩ 56〉115

③ 44〉400

⑦ 55〉115

⑪ 56〉284

④ 45〉132

⑧ 55〉284

⑫ 56〉395

計算をしましょう。　　　　　　　　　　　　〔1問　4点〕

① 67)180

② 67)210

③ 67)270

④ 68)180

⑤ 68)210

⑥ 68)270

⑦ 67)363

⑧ 67)418

⑨ 67)479

⑩ 68)363

⑪ 68)418

⑫ 68)479

⑬ 68)536

©くもん出版

答えを書き終わったら，見直しをしよう。まちがいがなくなるよ。

点

月　日　名前　| はじめ 時　分　おわり 時　分

1 計算をしましょう。　　　　　　　〔1問　4点〕

① 22)90

② 23)130

③ 24)170

④ 28)210

⑤ 22)47

⑥ 23)98

⑦ 24)110

⑧ 25)125

⑨ 26)175

⑩ 27)210

⑪ 28)225

⑫ 29)240

2 計算をしましょう。

〔1問　4点〕

❶ $32\overline{)110}$

❷ $33\overline{)135}$

❸ $34\overline{)162}$

❹ $35\overline{)190}$

❺ $38\overline{)216}$

❻ $32\overline{)83}$

❼ $33\overline{)100}$

❽ $34\overline{)144}$

❾ $35\overline{)160}$

❿ $36\overline{)180}$

⓫ $37\overline{)215}$

⓬ $38\overline{)252}$

⓭ $39\overline{)340}$

まちがえた問題は，もう一度やり直してみよう。

点

月　日	名前	時　分　 時　分

1 計算をしましょう。

〔1問　4点〕

① 48) 1 4 7

⑤ 58) 5 5 0

⑨ 68) 3 3 0

② 49) 1 4 7

⑥ 59) 5 5 0

⑩ 77) 3 3 0

③ 49) 3 4 8

⑦ 67) 2 0 1

⑪ 77) 6 0 0

④ 58) 3 4 8

⑧ 68) 2 0 1

⑫ 78) 6 0 0

2 計算をしましょう。

① $87 \overline{)176}$

② $88 \overline{)176}$

③ $88 \overline{)430}$

④ $97 \overline{)430}$

⑤ $97 \overline{)643}$

⑥ $98 \overline{)643}$

⑦ $98 \overline{)802}$

⑧ $13 \overline{)91}$

⑨ $14 \overline{)91}$

⑩ $15 \overline{)120}$

⑪ $16 \overline{)120}$

⑫ $18 \overline{)144}$

⑬ $19 \overline{)144}$

©くもん出版

答えを書き終わったら，見直しをしよう。まちがいがなくなるよ。

点

32 わり算のけん算

| 月 日 | 名前 | はじめ 時 分 | おわり 時 分 |

1 □にあてはまる数字を入れましょう。 〔1問 5点〕

❶ $31 \div 4 = \square$ あまり $\square$

❷ $31 = 4 \times \square + \square$

　　↑ なるべく大きい数字を入れよう。

❸ $46 \div 7 = \square$ あまり $\square$

❹ $46 = 7 \times \square + \square$

　　↑ なるべく大きい数字を入れよう。

❺ $68 \div 12 = \square$ あまり $\square$

❻ $68 = 12 \times \square + \square$

　　↑ なるべく大きい数字を入れよう。

2 わり算をしてから，けん算(答えのたしかめ)をしましょう。 〔1問 10点〕

❶

```
         6
28 ) 1 9 1
     □□□
      □□
```

〈けん算〉

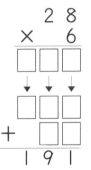

```
    2 8
×     6
  □□□
  ↓↓↓
  □□□
+  □□
  1 9 1
```

$191 \div 28 = \square$ あまり $\square\square$

$191 = 28 \times \square + \square\square$

❷

```
43 ) 2 2 7
```

〈けん算〉

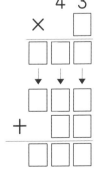

```
      4 3
×     □
  □□□
  ↓↓↓
  □□□
+  □□
  □□□
```

$227 \div 43 = \square$ あまり $\square\square$

$227 = 43 \times \square + \square\square$

3 わり算をしてから，けん算をしましょう。　　〔1問　10点〕

①

53〉386　　　〈けん算〉　　　　5 3
　　　　　　　　　　　　　　　× □

386＝53×□＋□□

②

64〉428　　　〈けん算〉

428＝64×□＋□□

③

76〉530　　　〈けん算〉

530＝

④

89〉700　　　〈けん算〉

700＝

⑤

99〉782　　　〈けん算〉

782＝

けん算は，まちがいをなくすために，たいせつなことだよ。やり方をよくおぼえておこう。

点

月　　日　名前

はじめ　時　分　おわり　時　分

1 計算をしましょう。

〔1問　6点〕

❶
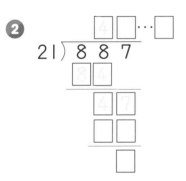

```
      3 2 … □
  21) 6 7 5
      6 3
        4 5
      □ □  ← 21×2
        □
```

❹
```
  21) 4 8 6
```

❷
```
      4 □ … □
  21) 8 8 7
      8 4
        4 7
      □ □
        □
```

❺
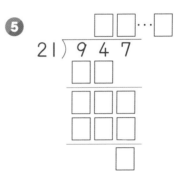
```
      □ □ … □
  21) 9 4 7
      □ □
      □ □ □
      □ □ □
          □
```

❸
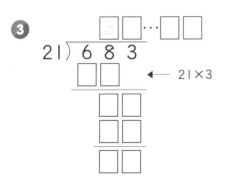
```
      3 □ … □ □
  21) 6 8 3
      □ □  ← 21×3
      □ □
      □ □
      □ □
```

❻
```
  21) 9 6 5
```

2 計算をしましょう。 〔1問 8点〕

① 31)965

② 31)654

③ 31)385

④ 31)436

⑤ 41)865

⑥ 41)908

⑦ 41)496

⑧ 41)957

むずかしかった問題は，けん算をして答えをたしかめてみよう。

点

月 日 名前

1 計算をしましょう。

〔1問 6点〕

①

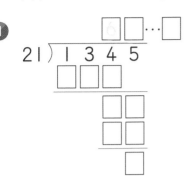

$$21\overline{)1345}$$

④

$$21\overline{)1097}$$

②

$$21\overline{)1456}$$

⑤

$$21\overline{)1300}$$

③

$$21\overline{)1567}$$

⑥

$$21\overline{)1990}$$

2 計算をしましょう。 〔1問 8点〕

① $31\overline{)1285}$

② $31\overline{)1678}$

③ $31\overline{)2220}$

④ $31\overline{)2600}$

⑤ $41\overline{)1345}$

⑥ $41\overline{)2123}$

⑦ $41\overline{)2987}$

⑧ $41\overline{)4000}$

むずかしかった問題は，けん算をして答えをたしかめてみよう。

点

商が2けた以上のわり算（3）

月 日　名前

はじめ　時　分　おわり　時　分

1 計算をしましょう。

〔1問 6点〕

❶
```
        3 [0]…[][]
   31)9 4 5
     [][]
     [][]
```

❷
```
   31)9 5 5
```

❸
```
       [][]…[]
   31)1 2 4 5
```

❹
```
   31)1 2 5 5
```

❺
```
   31)1 5 7 5
```

❻
```
   31)2 8 0 0
```

2 計算をしましょう。

① 21)285

② 22)488

③ 23)703

④ 24)972

⑤ 26)281

⑥ 27)310

⑦ 28)574

⑧ 29)959

まちがえた問題は, もう一度やり直してみよう。

点

月　日　名前

はじめ　時　分　おわり　時　分

1 計算をしましょう。

〔1問　6点〕

①
$$32\overline{)974}$$

④
$$38\overline{)974}$$

②
$$33\overline{)600}$$

⑤
$$39\overline{)800}$$

③
$$34\overline{)715}$$

⑥
$$40\overline{)915}$$

2 計算をしましょう。

〔1問 8点〕

① 35⟌1435

⑤ 42⟌2345

② 37⟌1435

⑥ 44⟌2345

③ 39⟌1435

⑦ 48⟌2345

④ 41⟌1435

⑧ 50⟌2345

まちがえた問題は, もう一度やり直してみよう。

点

| 月 日 | 名前 | | はじめ 時 分 | おわり 時 分 |

1 計算をしましょう。　〔1問　6点〕

①
$$21\overline{)635}$$

②
$$21\overline{)645}$$

③
$$21\overline{)843}$$

④
$$31\overline{)945}$$

⑤
$$31\overline{)960}$$

⑥
$$31\overline{)623}$$

2 計算をしましょう。

①

$$51\overline{)3456}$$

②

$$53\overline{)3456}$$

③

$$55\overline{)3456}$$

④

$$65\overline{)3456}$$

⑤

$$55\overline{)4000}$$

⑥

$$57\overline{)4000}$$

⑦

$$58\overline{)4000}$$

⑧

$$60\overline{)4000}$$

©くもん出版

まちがえた問題は，もう一度やり直してみよう。

点

月　　日　　名前

はじめ　時　　分　　おわり　時　　分

1 計算をしましょう。　　　　　　　　　　　　　〔1問　6点〕

① $21\overline{)1017}$

② $32\overline{)2093}$

③ $91\overline{)7531}$

④ $48\overline{)2754}$

⑤ $19\overline{)1400}$

⑥ $82\overline{)5000}$

2 計算をしましょう。 〔1問 8点〕

① 41)2345

② 43)2345

③ 45)2345

④ 47)2345

⑤ 42)3456

⑥ 44)3456

⑦ 46)3456

⑧ 48)3456

まちがえた問題は，もう一度やり直してみよう。

点

商が2けた以上のわり算（7）

| 月　日 | 名前 | はじめ　時　分　おわり　時　分 |

1　計算をしましょう。 〔1問　6点〕

① 48)3081

② 52)3081

③ 55)3081

④ 54)4857

⑤ 56)4857

⑥ 68)4857

2 計算をしましょう。

① $39\overline{)946}$

② $39\overline{)2357}$

③ $41\overline{)946}$

④ $41\overline{)2357}$

⑤ $43\overline{)3981}$

⑥ $49\overline{)987}$

⑦ $51\overline{)987}$

⑧ $51\overline{)3981}$

まちがえた問題は，もう一度やり直してみよう。

点

月　日　名前

はじめ　時　分　おわり　時　分

1 計算をしましょう。

〔1問　6点〕

❶
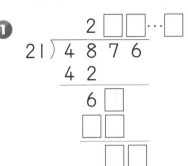

```
        2 □□…□
   21)4 8 7 6
      4 2
        6 □
       □□
        □□
        □□
         □
```

❷
```
   21)6 7 8 9
```

❸
```
   21)5 6 7 8
```

❹
```
   31)8 9 0 2
```

❺
```
   31)6 7 9 9
```

❻
```
   32)6 8 9 0
```

©くもん出版

2 計算をしましょう。

①
$$31 \overline{)6799}$$

⑤
$$42 \overline{)8412}$$

②
$$32 \overline{)6600}$$ 2 □□…□

□□

⑥
$$43 \overline{)8412}$$

③
$$32 \overline{)6421}$$ □□□…□□

□□
□□

⑦
$$43 \overline{)8902}$$

④
$$32 \overline{)4000}$$

⑧
$$44 \overline{)8902}$$

©くもん出版

むずかしかった問題は、けん算をして答えをた
しかめてみよう。

80

点

| 月 | 日 | 名前 | | はじめ | 時 分 | おわり | 時 分 |

1 計算をしましょう。

〔1問 6点〕

①

$$123 \overline{)501}$$ □…□

②

$$164 \overline{)997}$$

③

$$237 \overline{)948}$$

④

$$273 \overline{)965}$$

⑤

$$306 \overline{)957}$$

⑥

$$342 \overline{)819}$$

2 計算をしましょう。 〔1問 8点〕

① 213)̅8̅9̅7̅6̅

② 223)̅8̅9̅7̅6̅

③ 243)̅8̅9̅7̅6̅

④ 253)̅8̅9̅7̅6̅

⑤ 263)̅8̅9̅7̅6̅

⑥ 273)̅8̅9̅7̅6̅

⑦ 283)̅8̅9̅7̅6̅

⑧ 293)̅8̅9̅7̅6̅

まちがえた問題は，もう一度やり直してみよう。

点

月　　日　　名前

はじめ　時　分　おわり　時　分

1 計算をしましょう。

〔1問　6点〕

① 71)946

④ 74)946

② 71)4357

⑤ 74)4357

③ 713)9872

⑥ 746)9087

2 計算をしましょう。

① 82〕946

⑤ 90〕946

② 82〕4357

⑥ 90〕4357

③ 824〕9891

⑦ 902〕9891

④ 835〕98721

⑧ 913〕98721

84

まちがえた問題は，もう一度やり直してみよう。

点

月　　日　名前　　　　　　　　はじめ　時　分　おわり　時　分

1 （ ）の中を先に計算して，答えを出しましょう。　〔1問　2点〕

❶　$9-(5-2)=9-\square$
$=$

❷　$9-(5+2)=$

❸　$(6-2)\times7=\square\times7$
$=$

❹　$(6+2)\times7=$

❺　$12\times(8-3)=$

❻　$12\times(8+3)=$

❼　$(18-9)\div3=$

❽　$(18+9)\div3=$

❾　$72\div(9-3)=$

❿　$72\div(9+3)=$

⓫　$(16\div4)\times8=$

⓬　$12\times(42\div6)=$

⓭　$(12\times9)\div4=$

⓮　$96\div(2\times8)=$

おぼえておこう

（ ）の部分は，先に計算します。
〈れい〉
- $5-(3-1)=5-2$
$=3$
- $36\div(2\times6)=36\div12$
$=3$

2 計算をしましょう。　〔1問　4点〕

❶　$26\times(13+2)=$

❷　$(510-102)\div17=$

❸　$120\times(120\div24)=$

❹　$900\div(3\times5)=$

3 ×や÷を先に計算して，答えを出しましょう。 〔1問 2点〕

1 $23+16×2=23+\boxed{}$
$=$

5 $143+37×5=$

2 $72-13×4=$

6 $420-24×12=$

3 $36+48÷4=36+\boxed{}$
$=$

7 $256+224÷16=$

4 $62-56÷2=$

8 $136-168÷14=$

おぼえておこう

かけ算・わり算は，たし算・ひき算より先に計算します。

〈れい〉 ・ $5+3×4=5+12$
$=17$

・ $20-15÷3=20-5$
$=15$

---

4 計算をしましょう。 〔1問 4点〕

1 $(18+14)×3=$

7 $(84-63)÷7=$

2 $18+14×3=$

8 $84-63÷7=$

3 $(90-15)×5=$

9 $72÷(3×4)=$

4 $90-15×5=$

10 $72÷3×4=$

5 $(27+36)÷3=$

6 $27+36÷3=$

©くもん出版

計算のじゅんじょはおぼえたかな。（ ）の中は
いちばん先に計算するんだよ。

点

（ ），＋，−，×，÷のまじった計算(2)

月　　日　　名前　　　　　　　　　　はじめ　時　分　おわり　時　分

1 計算をしましょう。　　　　　　　　　　　　　　　　〔1問　3点〕

❶ $12 \times 3 + 4 \times 5 =$

❷ $21 \times 4 - 6 \times 3 =$

❸ $36 \div 3 + 48 \div 6 =$

❹ $68 \div 4 - 72 \div 8 =$

2 計算をしてから，下の□にあてはまる問題の番号を入れましょう。

〔1問　2点〕

❶ $4 \times 5 + 4 \times 2 =$ 　　　**❼** $4 \times (5 + 2) =$

❷ $4 \times 5 - 4 \times 2 =$ 　　　**❽** $4 \times (5 - 2) =$

❸ $7 \times 3 + 2 \times 3 =$ 　　　**❾** $(7 + 2) \times 3 =$

❹ $7 \times 3 - 2 \times 3 =$ 　　　**❿** $(7 - 2) \times 3 =$

❺ $12 \div 2 + 14 \div 2 =$ 　　　**⓫** $(12 + 14) \div 2 =$

❻ $24 \div 3 - 15 \div 3 =$ 　　　**⓬** $(24 - 15) \div 3 =$

(1) ❶と同じ答えは□　　　(4) ❹と同じ答えは□

(2) ❷と同じ答えは□　　　(5) ❺と同じ答えは□

(3) ❸と同じ答えは□　　　(6) ❻と同じ答えは□

3 □にあてはまる数字を入れましょう。　　　　　　　〔1問　3点〕

❶ $8 \times 14 + 8 \times 7 = \boxed{} \times (14 + 7)$

❷ $24 \times \boxed{} - 13 \times \boxed{} = (24 - 13) \times 9$

❸ $96 \div 6 + 78 \div 6 = (96 + 78) \div \boxed{}$

❹ $(112 - 52) \div 4 = 112 \div \boxed{} - 52 \div \boxed{}$

4 計算をしましょう。　　　　　　　　　　　　　　〔1問　4点〕

❶ $16 \times 11 + 16 \times 19$
＝

❻ $174 \times 21 - 24 \times 21$
＝

❷ $34 \times 25 - 34 \times 17$
＝

❼ $221 \div 17 + 289 \div 17$
＝

❸ $156 \div 12 + 84 \div 12$
＝

❽ $14 \times 177 + 14 \times 223$
＝

❹ $504 \div 14 - 224 \div 14$
＝

❾ $414 \div 23 - 184 \div 23$
＝

❺ $43 \times 17 - 23 \times 17$
＝

❿ $342 \times 26 + 158 \times 26$
＝

©くもん出版

全部できたかな。まちがえやすい問題は、よく
れん習しよう。

88

点

（ ）, ＋, －, ×, ÷のまじった計算(3)

むずかしさ ★★☆

1 □にあてはまる数を入れましょう。　〔1問　4点〕

> ・れ　い・
>
> $5＋6＝11$　　　$9×8＝72$
> $6＋5＝11$　　　$8×9＝72$

❶　$9＋11＝11＋\boxed{}$

❸　$11×87＝87×\boxed{}$

❷　$18＋56＝56＋\boxed{}$

❹　$62×83＝\boxed{}×62$

2 くふうして，計算をしましょう。　〔1問　4点〕

> ・れ　い・
>
> $(5＋8)＋2＝5＋(8＋2)$
> $＝5＋10$
> $＝15$

❶　$(9＋2)＋8＝9＋(2＋8)$
　　　　　　　$＝$

❹　$21＋16＋24＝$

❷　$(14＋7)＋13＝$

❺　$43＋88＋57＝$

❸　$(24＋59)＋6＝$

❻　$12＋26＋48＝$

3 くふうして，計算をしましょう。　　　　　　　　〔1問　6点〕

> **・れい・**
>
> $$(13 \times 6) \times 5 = 13 \times (6 \times 5)$$
> $$= 13 \times 30$$
> $$= 390$$

① $(41 \times 4) \times 2 = 41 \times (4 \times 2)$
　　　　$=$

④ $25 \times 17 \times 4 =$

② $(52 \times 3) \times 2 =$

⑤ $50 \times 38 \times 2 =$

③ $(2 \times 74) \times 5 =$

⑥ $5 \times 81 \times 2 =$

4 くふうして，計算をしましょう。　　　　　　　　〔1問　6点〕

> **・れい・**
>
> $$16 \times 5 = (10 + 6) \times 5 \qquad 99 \times 9 = (100 - 1) \times 9$$
> $$= 10 \times 5 + 6 \times 5 \qquad\quad = 100 \times 9 - 1 \times 9$$
> $$= 50 + 30 \qquad\qquad\qquad = 900 - 9$$
> $$= 80 \qquad\qquad\qquad\quad = 891$$

① $27 \times 5 =$

③ $99 \times 4 =$

② $109 \times 11 =$

④ $999 \times 2 =$

まちがえた問題は，もう一度やり直してみよう。

点

小数のわり算（1）

月　日	名前	はじめ　時　分 おわり　時　分

1 計算をしましょう。（わりきれるまで）　〔1問　4点〕

・れい・

$$0.4 \div 2 = 0.2 \qquad 1.8 \div 3 = 0.6$$

① $0.6 \div 2 =$

② $0.6 \div 3 =$

③ $0.9 \div 3 =$

④ $1.2 \div 2 =$

⑤ $1.2 \div 3 =$

⑥ $1.2 \div 4 =$

⑦ $1.5 \div 5 =$

⑧ $2.5 \div 5 =$

⑨ $3.6 \div 4 =$

⑩ $1 \div 2 =$

⑪ $2 \div 4 =$

⑫ $2 \div 5 =$

©くもん出版

小数のわり算をれん習しよう。

2 計算をしましょう。(わりきれるまで)

〔1問 4点〕

・ れ い ・

$$2.4 \div 2 = 1.2 \qquad 4.2 \div 3 = 1.4$$

① $3.6 \div 3 =$

② $4.8 \div 2 =$

③ $4.8 \div 4 =$

④ $3.6 \div 2 =$

⑤ $4.8 \div 3 =$

⑥ $5.4 \div 3 =$

⑦ $6.5 \div 5 =$

⑧ $3 \div 2 =$

⑨ $6 \div 4 =$

⑩ $9 \div 2 =$

⑪ $12 \div 5 =$

⑫ $14 \div 4 =$

⑬ $16 \div 5 =$

©くもん出版

まちがえた問題は，もう一度やり直してみよう。

点

月　日　名前

はじめ　時　分　おわり　時　分

1 計算をしましょう。（わりきれるまで）　〔1問　5点〕

・れい・

$$2\,\overline{)\,4.2} = 2.1$$

$$3\,\overline{)\,65.1} = 21.7$$

$$5\,\overline{)\,2.0} = 0.4$$

① 　□.□
$$2\,\overline{)\,2.4}$$

⑤
$$6\,\overline{)\,33.6}$$

②
$$6\,\overline{)\,7.2}$$

⑥
$$5\,\overline{)\,3.0}$$

③
$$3\,\overline{)\,54.3}$$

⑦
$$5\,\overline{)\,4}$$

④
$$4\,\overline{)\,45.6}$$

⑧
$$6\,\overline{)\,3}$$

小数のわり算のひっ算をれん習しよう。

計算をしましょう。(わりきれるまで) 〔1問 5点〕

れい

$4\overline{)14}$ ⟶ $4\overline{)14.}$ ←3.5

① $4\overline{)18.0}$ ☐.☐

⑤ $6\overline{)27}$

⑨ $4\overline{)54}$

② $4\overline{)22}$

⑥ $6\overline{)45}$

⑩ $5\overline{)51}$

③ $5\overline{)18}$

⑦ $8\overline{)52}$

⑪ $6\overline{)69}$

④ $5\overline{)34}$

⑧ $4\overline{)42}$ ☐☐.☐

⑫ $8\overline{)84}$

©くもん出版

まちがえた問題は，もう一度やり直してみよう。

☐ 点

48 小数のわり算（3）

月　日　名前　　　　　　はじめ　時　分　おわり　時　分

1 わる数を整数にしてから計算をしましょう。　〔1問　5点〕

> **れ　い**
>
> $0.2\overline{)2.4}$　　⟶　　$0.2\overline{)2.4}$　商 12

① $0.2\overline{)4.2}$

② $0.3\overline{)5.1}$

③ $0.3\overline{)6.3}$

④ $0.4\overline{)6.4}$

⑤ $0.5\overline{)7.5}$

⑥ $0.6\overline{)8.4}$

⑦ $0.6\overline{)9.6}$

⑧ $0.7\overline{)9.1}$

⑨ $0.8\overline{)11.2}$

⑩ $0.9\overline{)10.8}$

 小数でわる計算にちょうせんしよう。

2 計算をしましょう。(わりきれるまで)

・れい・

$$0.6\overline{)24} \longrightarrow 0.6\overline{)240}$$

```
       4 0
0.6)2 4 0
    2 4
        0
```

① $0.3\overline{)6}$

② $0.4\overline{)24}$

③ $0.5\overline{)15}$

④ $0.7\overline{)35}$

⑤ $0.9\overline{)63}$

⑥ $0.2\overline{)17}$

⑦ $0.4\overline{)14}$

⑧ $0.5\overline{)29}$

⑨ $0.6\overline{)45}$

⑩ $0.8\overline{)36}$

まちがえた問題は，もう一度やり直してみよう。

点

しんだんテスト

1 次の計算をしましょう。　　　　　　　　　　　　　　〔1問　2点〕

❶ $120 \div 6 =$

❷ $450 \div 9 =$

❸ $240 \div 30 =$

❹ $90 \div 20 =$

❺ $240 \div 50 =$

❻ $480 \div 70 =$

2 次の計算をしましょう。　　　　　　　　　　　　　　〔1問　4点〕

❶ $3 \overline{)52}$

❷ $8 \overline{)94}$

❸ $5 \overline{)64}$

❹ $4 \overline{)56}$

❺ $7 \overline{)98}$

❻ $3 \overline{)513}$

❼ $8 \overline{)601}$

❽ $2 \overline{)874}$

❾ $9 \overline{)853}$

❿ $7 \overline{)930}$

3 次の計算をしましょう。

〔1問 4点〕

① 36$\overline{)303}$

② 67$\overline{)536}$

③ 45$\overline{)277}$

④ 92$\overline{)763}$

⑤ 17$\overline{)96}$

⑥ 24$\overline{)187}$

⑦ 70$\overline{)673}$

⑧ 32$\overline{)774}$

⑨ 45$\overline{)925}$

⑩ 27$\overline{)930}$

4 次の計算をしましょう。

〔1問 4点〕

① $740 \div (84-47) =$

② $108 \div 9 + 35 \times 8 =$

答え合わせをして点数をつけてから，112ページ
の アドバイス を読もう。

点

① たし算・ひき算のふく習 P.1・2

1
- ❶158
- ❷175
- ❸389
- ❹583
- ❺823
- ❻118
- ❼218
- ❽522
- ❾348
- ❿262
- ⓫252
- ⓬265
- ⓭544
- ⓮260
- ⓯249
- ⓰143
- ⓱568
- ⓲556
- ⓳162
- ⓴192

2
- ❶1198
- ❷1323
- ❸1788
- ❹2099
- ❺2891
- ❻3292
- ❼3381
- ❽1313
- ❾1273
- ❿1143
- ⓫1195
- ⓬821
- ⓭691
- ⓮629
- ⓯1129
- ⓰1481
- ⓱1395
- ⓲178
- ⓳750
- ⓴1758

② かけ算・わり算のふく習 P.3・4

1
- ❶48
- ❷96
- ❸72
- ❹162
- ❺252
- ❻1692
- ❼6372
- ❽276
- ❾768
- ❿1665
- ⓫960
- ⓬3348
- ⓭1431
- ⓮4200
- ⓯2688
- ⓰7015
- ⓱16821
- ⓲11720
- ⓳32364
- ⓴45720

2
- ❶9
- ❷8
- ❸8
- ❹7
- ❺7
- ❻7
- ❼8
- ❽6
- ❾7あまり1
- ❿6あまり2
- ⓫6あまり1
- ⓬6あまり2
- ⓭6あまり4
- ⓮8あまり2
- ⓯7あまり4
- ⓰8あまり1
- ⓱7あまり2
- ⓲8あまり3
- ⓳7あまり1
- ⓴7あまり2
- ㉑7あまり7
- ㉒8あまり4
- ㉓8
- ㉔10
- ㉕10
- ㉖20
- ㉗11
- ㉘13
- ㉙23
- ㉚21

③ チェックテスト P.5・6

1
- ❶122
- ❷92
- ❸277
- ❹1274
- ❺1166
- ❻1152
- ❼504
- ❽1091
- ❾765
- ❿758

2
- ❶230
- ❷64
- ❸378
- ❹582
- ❺81
- ❻612
- ❼2322
- ❽695
- ❾3360
- ❿1904
- ⓫5472

3
- ❶1598
- ❷3904
- ❸2520
- ❹1960
- ❺6633
- ❻1300
- ❼24420
- ❽47253

4
- ❶9あまり2
- ❷5あまり5
- ❸7
- ❹7あまり3
- ❺8あまり3
- ❻10
- ❼5あまり2
- ❽5あまり4
- ❾6あまり3
- ❿6あまり2
- ⓫12
- ⓬8あまり8
- ⓭32
- ⓮9あまり6

アドバイス

● **85点から100点の人**
　まちがえた問題をやり直してから，次のページに進みましょう。

● **75点から84点の人**
　ここまでのページをもう一度ふく習しておきましょう。

● **0点から74点の人**
　1でまちがえた人は『3年生　たし算・ひき算』を，**2**，**3**でまちがえた人は『3年生　かけ算』を，**4**でまちがえた人は『3年生　わり算』を，それぞれもう一度ふく習しておきましょう。

4 何十，何百のわり算　P.7・8

1
❶30 ⓫20
❷20 ⓬50
❸40 ⓭30
❹20 ⓮80
❺30 ⓯40
❻50 ⓰20
❼20 ⓱90
❽40 ⓲60
❾30 ⓳30
❿70 ⓴20

2
❶50 ⓫50
❷40 ⓬90
❸70 ⓭60
❹30 ⓮50
❺60 ⓯70
❻30 ⓰60
❼40 ⓱60
❽60 ⓲80
❾80 ⓳70
❿40 ⓴90

5 何十でわる計算　P.9・10

1
❶3 ⓫2あまり20
❷2 ⓬5
❸4 ⓭3あまり30
❹2あまり20 ⓮3あまり10
❺4あまり10 ⓯6
❻3 ⓰4あまり20
❼5 ⓱3あまり30
❽3あまり10 ⓲4
❾2あまり20 ⓳3あまり20
❿3 ⓴2あまり60

2
❶6 ⓫7あまり30
❷4あまり40 ⓬5あまり50
❸9 ⓭5
❹6あまり30 ⓮8あまり20
❺5あまり20 ⓯9
❻4 ⓰7あまり50
❼3あまり50 ⓱8あまり40
❽5あまり50 ⓲7あまり40
❾5 ⓳8
❿5あまり50 ⓴7あまり10

6 2けた÷1けた(1)　P.11・12

1
❶10÷2=5　　2)10 = 5
❷14÷3=4…2　　3)14 = 4…2

2
❶6　2)12
❺5　6)30
❾7…1　2)15
⓭6…1

❷6　3)18
❻4　7)28
❿6…2　3)20
⓮6…2

❸6　4)24
❼4　8)32
⓫6…2　4)26
⓯5…6

❹5　5)25
❽4　9)36
⓬5…1
⓰8…4

3
❶13 ❼24 ⓭12 ⓳16
❷14 ❽30 ⓮13 ⓴18
❸20 ❾32 ⓯20 ㉑24
❹21 ❿40 ⓰21 ㉒27
❺22 ⓫15 ⓱23 ㉓33
❻23 ⓬16 ⓲14

7 2けた÷1けた(2)　P.13・14

1
❶8 ❻25 ⓫19 ⓰14
❷11 ❼11 ⓬20 ⓱21
❸16 ❽12 ⓭18 ⓲24
❹17 ❾13 ⓮15 ⓳8
❺23 ❿16 ⓯17 ⓴6

2
❶3 ❻13 ⓫8 ⓰17
❷5 ❼16 ⓬9 ⓱26
❸8 ❽18 ⓭11 ⓲3
❹15 ❾4 ⓮12 ⓳18
❺11 ❿5 ⓯14 ⓴27

8 2けた÷1けた(3)　P.15・16

1
❶28 ❻20 ⓫9 ⓰35
❷14 ❼15 ⓬7 ⓱14
❸8 ❽12 ⓭33 ⓲10
❹7 ❾10 ⓮22 ⓳9
❺30 ❿21 ⓯11 ⓴8

2
❶39 ❻16 ⓫21 ⓰18
❷26 ❼10 ⓬14 ⓱15
❸13 ❽27 ⓭12 ⓲10
❹40 ❾9 ⓮45 ⓳48
❺20 ❿28 ⓯30 ⓴32

9 2けた÷1けた(4)　P.17・18

1
❶12	❻12	⓫13	⓰12
❷12…1	❼12…1	⓬13…1	⓱12…2
❸13	❽12…2	⓭13…2	⓲12…3
❹13…1	❾15	⓮14	⓳13
❺14	❿15…1	⓯14…2	⓴13…2

2
❶18…1	❻19…1	⓫13…3	⓰12…4
❷20…1	❼20…2	⓬11…1	⓱10…5
❸27…1	❽12…1	⓭9…3	⓲9…3
❹11…1	❾14…3	⓮8…2	⓳8…3
❺15…2	❿15	⓯15…3	⓴7…5

10 2けた÷1けた(5)　P.19・20

1
❶38	❻38…1	⓫39	⓰8…6
❷19	❼25…2	⓬19…2	⓱39…1
❸15…1	❽15…2	⓭13	⓲26…1
❹12…4	❾12…5	⓮11…1	⓳19…3
❺10…6	❿9…5	⓯9…6	⓴15…4

2
❶13…1	❻26…2	⓫27…1	⓰20…3
❷11…2	❼20	⓬20…2	⓱16…3
❸9…7	❽16	⓭16…2	⓲13…5
❹8…7	❾11…3	⓮13…4	⓳11…6
❺40	❿41	⓯10…2	⓴9…2

11 2けた÷1けた(6)　P.21・22

1
❶42…1	❻29	⓫44…1	⓰9…8
❷21…1	❼14…3	⓬22…1	⓱45
❸17	❽12…3	⓭14…5	⓲30
❹14…1	❾10…7	⓮12…5	⓳22…2
❺12…1	❿9…6	⓯11…1	⓴18

2
❶15	❻22…3	⓫31	⓰23…2
❷12…6	❼18…1	⓬23…1	⓱18…4
❸11…2	❽13	⓭18…3	⓲13…3
❹10	❾11…3	⓮11…5	⓳11…6
❺30…1	❿10…1	⓯10…3	⓴10…4

12 3けた÷1けた(1)　P.23・24

1
❶60	❼73	⓭26
❷70	❽81	⓮22
❸82	❾66	⓯21
❹93	❿45	⓰18
❺51	⓫37	
❻62	⓬29	

2
❶93	❼213	⓭66
❷123	❽320	⓮456
❸312	❾190	⓯558
❹423	❿127	⓰46
❺71	⓫96	⓱260
❻123	⓬77	⓲140

13 3けた÷1けた(2)　P.25・26

1
❶112	❼69	⓭58
❷57	❽52	⓮52
❸39	❾46	⓯153
❹34	❿42	⓰123
❺32	⓫115	
❻116	⓬77	

2
❶88	❼70	⓭103
❷76	❽100	⓮309
❸68	❾102	⓯203
❹315	❿106	⓰103
❺165	⓫206	⓱103
❻126	⓬208	⓲102

14 3けた÷1けた(3)　P.27・28

1
❶306	❼164	⓭90
❷189	❽103	⓮81
❸102	❾90	⓯301
❹108	❿107	⓰189
❺94	⓫106	
❻272	⓬98	

2
❶142	❼146	⓭98
❷109	❽159	⓮476
❸105	❾105	⓯540
❹208	❿55	⓰105
❺107	⓫52	⓱106
❻144	⓬226	⓲107

15 3けた÷1けた(4) P.29・30

1
- ❶308
- ❷159
- ❸107
- ❹92
- ❺84
- ❻226
- ❼136
- ❽86
- ❾77
- ❿174
- ⓫117
- ⓬102
- ⓭89
- ⓮80
- ⓯240
- ⓰144

2
- ❶120
- ❷104
- ❸374
- ❹250
- ❺188
- ❻152
- ❼96
- ❽86
- ❾197
- ❿158
- ⓫132
- ⓬100
- ⓭89
- ⓮268
- ⓯203
- ⓰116
- ⓱102
- ⓲91

16 3けた÷1けた(5) P.31・32

1
- ❶410
- ❷206
- ❸138
- ❹105
- ❺423
- ❻282
- ❼170
- ❽122
- ❾96
- ❿288
- ⓫145
- ⓬125
- ⓭109
- ⓮292
- ⓯219
- ⓰176

2
- ❶415…1
- ❷228…1
- ❸152…2
- ❹158…2
- ❺66…3
- ❻55…3
- ❼47…4
- ❽133…2
- ❾100…1
- ❿66…5
- ⓫57…2
- ⓬50…1
- ⓭44…5
- ⓮258…1
- ⓯172…1
- ⓰103…2
- ⓱86…1
- ⓲57…4

17 3けた÷1けた(6) P.33・34

1
- ❶288
- ❷144
- ❸96
- ❹82…2
- ❺72
- ❻200…1
- ❼120…1
- ❽75…1
- ❾66…7
- ❿388…1
- ⓫194…1
- ⓬129…3
- ⓭111
- ⓮86…3
- ⓯267
- ⓰160…1

2
- ❶114…3
- ❷100…1
- ❸89
- ❹170…3
- ❺121…6
- ❻106…5
- ❼94…7
- ❽220…1
- ❾209…1
- ❿145…1
- ⓫102…1
- ⓬58…4
- ⓭40…7
- ⓮106…2
- ⓯105…2
- ⓰103…4
- ⓱42…4
- ⓲28…8

18 4けた÷1けた(1) P.35・36

1
- ❶623
- ❷241
- ❸239
- ❹1234
- ❺1421
- ❻427
- ❼2080
- ❽1019
- ❾518

2
- ❶2515
- ❷1259
- ❸839
- ❹2344
- ❺1407
- ❻1005
- ❼889
- ❽4006
- ❾1334
- ❿3002
- ⓫2267

19 4けた÷1けた(2) P.37・38

1
- ❶545…1
- ❷671…2
- ❸1038…3
- ❹1454…1
- ❺1736…3
- ❻1022…1
- ❼1034…1
- ❽653
- ❾408…7

2
- ❶2078…1
- ❷1308…2
- ❸864…2
- ❹468
- ❺203
- ❻855…4
- ❼866…7
- ❽682
- ❾2026
- ❿1533
- ⓫947

20 2けたのわり算（1）

P.39・40

1

①
```
      2…3
21)45
   42
    3
```
⑥
```
      3…6
21)69
   63
    6
```

②
```
      2…5
21)47
   42
    5
```
⑦
```
      4…1
21)85
   84
    1
```

③
```
      2…7
21)49
   42
    7
```
⑧
```
      4…2
21)86
   84
    2
```

④
```
      3…2
21)65
   63
    2
```
⑨
```
      4…3
21)87
   84
    3
```

⑤
```
      3…4
21)67
   63
    4
```
⑩
```
      4…5
21)89
   84
    5
```

2

①
```
       5…2
21)107
   105
     2
```
⑥
```
      3…9
21)72
   63
    9
```

②
```
       5…4
21)109
   105
     4
```
⑦
```
      3…15
21)78
   63
   15
```

③
```
       6…1
21)127
   126
     1
```
⑧
```
      4…10
21)94
   84
   10
```

④
```
       6…3
21)129
   126
     3
```
⑨
```
      4…15
21)99
   84
   15
```

⑤
```
      3…7
21)70
   63
    7
```
⑩
```
       5…14
21)119
   105
    14
```

21 2けたのわり算（2）

P.41・42

1

①
```
      4…3
21)87
   84
    3
```
⑥
```
       5…3
21)108
   105
     3
```

②
```
      4
21)84
   84
    0
```
⑦
```
       5
21)105
   105
     0
```

③
```
      3…20
21)83
   63
   20
```
⑧
```
       4…18
21)102
   84
   18
```

④
```
      4…6
21)90
   84
    6
```
⑨
```
       5…5
21)110
   105
     5
```

⑤
```
      3…19
21)82
   63
   19
```
⑩
```
       6…2
21)128
   126
     2
```

2

① 6…4　⑥ 8
② 6…9　⑦ 7…18
③ 7…1　⑧ 8…10
④ 7　　⑨ 9
⑤ 6…19　⑩ 9…15

22 2けたのわり算（3）

P.43・44

1
① 2…3　⑥ 3…17
② 2…13　⑦ 4…1
③ 3…6　⑧ 3…27
④ 2…28　⑨ 4…6
⑤ 3…2　⑩ 4…16

2
① 4…21　⑥ 6…29
② 5　　⑦ 7…3
③ 4…26　⑧ 7…28
④ 5…30　⑨ 8…2
⑤ 6…4　⑩ 9…21

23 2けたのわり算（4）

P.45・46

1
① 2…3　⑥ 4…1
② 1…40　⑦ 3…40
③ 3…2　⑧ 5…3
④ 3　　⑨ 5
⑤ 2…39　⑩ 5…30

2
① 6…2　⑥ 7…33
② 6　　⑦ 8…2
③ 5…39　⑧ 8…32
④ 6…34　⑨ 9…1
⑤ 7…3　⑩ 9…31

2けたのわり算(5) P.47・48

1
❶2…8 ❺5 ❾7
❷3…9 ❻5…15 ❿7…11
❸4 ❼6 ⓫8…9
❹4…12 ❽6…13 ⓬9…2

2
❶2 ❼7…9 ⓫6…8
❷3…1 ❼8…16 ⓬7…26
❸4…3 ❽2…6 ⓭9…12
❹5…5 ❾3…14
❺6…7 ❿5

2けたのわり算(6) P.49・50

1
❶2…29 ❺7…24 ❾4…12
❷4…3 ❻9…3 ❿5
❸5 ❼2…36 ⓫7…6
❹6…17 ❽3…24 ⓬9…22

2
❶2…14 ❻2…8 ⓫3
❷3…21 ❼3…3 ⓬4…17
❸5 ❽4…21 ⓭6…1
❹6…22 ❾6…7
❺7…39 ❿2…12

26

2けたのわり算(7) P.51・52

1
❶2…2 ❺8 ❾5
❷2…42 ❻9…5 ❿6…8
❸4…4 ❼1…54 ⓫7…51
❹6…20 ❽3…22 ⓬9…37

2
❶2…4 ❻9…24 ⓫5…30
❷3…11 ❼2…10 ⓬7…18
❸4…8 ❽3…5 ⓭9…6
❹5…40 ❾4
❺7…32 ❿4…36

2けたのわり算(8) P.53・54

1
❶3…3 ❺7 ❾6…6
❷3 ❻6…67 ❿6
❸4…67 ❼2…2 ⓫8
❹4…63 ❽4 ⓬8…67

2
❶3…9 ❻9 ⓫8
❷3…6 ❼3 ⓬8…77
❸5…5 ❽4…4 ⓭9…3
❹5 ❾5
❺9…9 ❿4…81

2けたのわり算(9) P.55・56

1
❶3…3 ❺6…86 ❾5
❷3 ❻6…80 ❿4…91
❸5…5 ❼3 ⓫7…28
❹5 ❽4…4 ⓬9

2
❶4…4 ❻8…20 ⓫4…37
❷7…7 ❼3…3 ⓬7…31
❸9 ❽5…3 ⓭9…17
❹4 ❾8
❺7 ❿3

2けたのわり算(10) P.57・58

1
❶3 ❺7…37 ❾7…10
❷8 ❻8…40 ❿2…3
❸9…4 ❼2…5 ⓫5…4
❹2…42 ❽5…9 ⓬7…3

2
❶2…46 ❻3…66 ⓫6…10
❷3…9 ❼5…28 ⓬7…3
❸4…2 ❽6…16 ⓭7…60
❹2…44 ❾7…10
❺3…6 ❿5…23

1
- ❶4…2
- ❺2…3
- ❾6…19
- ❷5…15
- ❻4…6
- ❿7…21
- ❸7…2
- ❼4…14
- ⓫8…1
- ❹7…14
- ❽5
- ⓬8…8

2
- ❶3…14
- ❻2…19
- ⓫5…30
- ❷4…3
- ❼3…1
- ⓬6…24
- ❸4…26
- ❽4…8
- ⓭8…28
- ❹5…15
- ❾4…20
- ❺5…26
- ❿5

1
- ❶3…3
- ❺9…28
- ❾4…58
- ❷3
- ❻9…19
- ❿4…22
- ❸7…5
- ❼3
- ⓫7…61
- ❹6
- ❽2…65
- ⓬7…54

2
- ❶2…2
- ❻6…55
- ⓫7…8
- ❷2
- ❼8…18
- ⓬8
- ❸4…78
- ❽7
- ⓭7…11
- ❹4…42
- ❾6…7
- ❺6…61
- ❿8

1
- ❶31÷4=7あまり3
- ❷31=4×7+3
- ❸46÷7=6あまり4
- ❹46=7×6+4
- ❺68÷12=5あまり8
- ❻68=12×5+8

2

❶
```
        6…23
28)191
   168
    23
```
191÷28=6あまり23
191=28×6+23

〈けん算〉
```
     28
×     6
   168
   ↓↓↓
   168
+   23
   191
```

❷
```
        5…12
43)227
   215
    12
```
227÷43=5あまり12
227=43×5+12

〈けん算〉
```
     43
×     5
   215
   ↓↓↓
   215
+   12
   227
```

3

❶
```
        7…15
53)386
   371
    15
```
386=53×7+15

〈けん算〉
```
     53
×     7
   371
```
```
   371
+   15
   386
```

❷
```
        6…44
64)428
   384
    44
```
428=64×6+44

〈けん算〉
```
     64
×     6
   384
```
```
   384
+   44
   428
```

❸
```
        6…74
76)530
   456
    74
```
530=76×6+74

〈けん算〉
```
     76
×     6
   456
```
```
   456
+   74
   530
```

❹
```
        7…77
89)700
   623
    77
```
700=89×7+77

〈けん算〉
```
     89
×     7
   623
```
```
   623
+   77
   700
```

❺
```
        7…89
99)782
   693
    89
```
782=99×7+89

〈けん算〉
```
     99
×     7
   693
```
```
   693
+   89
   782
```

1

❶
```
        32…3
  21)675
      63
      45
      42
       3
```

❹
```
        23…3
  21)486
      42
      66
      63
       3
```

❷
```
        42…5
  21)887
      84
      47
      42
       5
```

❺
```
        45…2
  21)947
      84
     107
     105
       2
```

❸
```
        32…11
  21)683
      63
      53
      42
      11
```

❻
```
        45…20
  21)965
      84
     125
     105
      20
```

2

❶
```
        31…4
  31)965
      93
      35
      31
       4
```

❺
```
        21…4
  41)865
      82
      45
      41
       4
```

❷
```
        21…3
  31)654
      62
      34
      31
       3
```

❻
```
        22…6
  41)908
      82
      88
      82
       6
```

❸
```
        12…13
  31)385
      31
      75
      62
      13
```

❼
```
        12…4
  41)496
      41
      86
      82
       4
```

❹
```
        14…2
  31)436
      31
     126
     124
       2
```

❽
```
        23…14
  41)957
      82
     137
     123
      14
```

1

❶
```
         64…1
  21)1345
     126
      85
      84
       1
```

❹
```
         52…5
  21)1097
     105
      47
      42
       5
```

❷
```
         69…7
  21)1456
     126
     196
     189
       7
```

❺
```
         61…19
  21)1300
     126
      40
      21
      19
```

❸
```
         74…13
  21)1567
     147
      97
      84
      13
```

❻
```
         94…16
  21)1990
     189
     100
      84
      16
```

2

❶
```
         41…14
  31)1285
     124
      45
      31
      14
```

❺
```
         32…33
  41)1345
     123
     115
      82
      33
```

❷
```
         54…4
  31)1678
     155
     128
     124
       4
```

❻
```
         51…32
  41)2123
     205
      73
      41
      32
```

❸
```
         71…19
  31)2220
     217
      50
      31
      19
```

❼
```
         72…35
  41)2987
     287
     117
      82
      35
```

❹
```
         83…27
  31)2600
     248
     120
      93
      27
```

❽
```
         97…23
  41)4000
     369
     310
     287
      23
```

35 商が2けた以上のわり算(3) P.69・70

1
❶
$$\begin{array}{r} 30\cdots15 \\ 31\overline{)945} \\ 93 \\ \hline 15 \end{array}$$

❷
$$\begin{array}{r} 30\cdots25 \\ 31\overline{)955} \\ 93 \\ \hline 25 \end{array}$$

❸
$$\begin{array}{r} 40\cdots5 \\ 31\overline{)1245} \\ 124 \\ \hline 5 \end{array}$$

❹
$$\begin{array}{r} 40\cdots15 \\ 31\overline{)1255} \\ 124 \\ \hline 15 \end{array}$$

❺
$$\begin{array}{r} 50\cdots25 \\ 31\overline{)1575} \\ 155 \\ \hline 25 \end{array}$$

❻
$$\begin{array}{r} 90\cdots10 \\ 31\overline{)2800} \\ 279 \\ \hline 10 \end{array}$$

2
❶13…12
❷22…4
❸30…13
❹40…12
❺10…21
❻11…13
❼20…14
❽33…2

36 商が2けた以上のわり算(4) P.71・72

1
❶30…14
❷18…6
❸21…1
❹25…24
❺20…20
❻22…35

2
❶
$$\begin{array}{r} 41 \\ 35\overline{)1435} \\ 140 \\ \hline 35 \\ 35 \\ \hline 0 \end{array}$$

❷
$$\begin{array}{r} 38\cdots29 \\ 37\overline{)1435} \\ 111 \\ \hline 325 \\ 296 \\ \hline 29 \end{array}$$

❸
$$\begin{array}{r} 36\cdots31 \\ 39\overline{)1435} \\ 117 \\ \hline 265 \\ 234 \\ \hline 31 \end{array}$$

❹
$$\begin{array}{r} 35 \\ 41\overline{)1435} \\ 123 \\ \hline 205 \\ 205 \\ \hline 0 \end{array}$$

❺
$$\begin{array}{r} 55\cdots35 \\ 42\overline{)2345} \\ 210 \\ \hline 245 \\ 210 \\ \hline 35 \end{array}$$

❻
$$\begin{array}{r} 53\cdots13 \\ 44\overline{)2345} \\ 220 \\ \hline 145 \\ 132 \\ \hline 13 \end{array}$$

❼
$$\begin{array}{r} 48\cdots41 \\ 48\overline{)2345} \\ 192 \\ \hline 425 \\ 384 \\ \hline 41 \end{array}$$

❽
$$\begin{array}{r} 46\cdots45 \\ 50\overline{)2345} \\ 200 \\ \hline 345 \\ 300 \\ \hline 45 \end{array}$$

37 商が2けた以上のわり算(5) P.73・74

1
❶30…5
❷30…15
❸40…3
❹30…15
❺30…30
❻20…3

2
❶67…39
❷65…11
❸62…46
❹53…11
❺72…40
❻70…10
❼68…56
❽66…40

38 商が2けた以上のわり算(6) P.75・76

1
❶48…9
❷65…13
❸82…69
❹57…18
❺73…13
❻60…80

2
❶57…8
❷54…23
❸52…5
❹49…42
❺82…12
❻78…24
❼75…6
❽72

39 商が2けた以上のわり算(7) P.77・78

1
❶64…9
❷59…13
❸56…1
❹89…51
❺86…41
❻71…29

2
❶24…10
❷60…17
❸23…3
❹57…20
❺92…25
❻20…7
❼19…18
❽78…3

1

❶
```
      232…4
21)4876
   42
   67
   63
    46
    42
     4
```

❹
```
      287…5
31)8902
   62
   270
   248
    222
    217
      5
```

❷
```
      323…6
21)6789
   63
   48
   42
    69
    63
     6
```

❺
```
      219…10
31)6799
   62
   59
   31
    289
    279
     10
```

❸
```
      270…8
21)5678
   42
   147
   147
     8
```

❻
```
      215…10
32)6890
   64
   49
   32
    170
    160
     10
```

2

❶
```
      219…10
31)6799
   62
   59
   31
    289
    279
     10
```

❺
```
      200…12
42)8412
   84
    12
```

❷
```
      206…8
32)6600
   64
   200
   192
     8
```

❻
```
      195…27
43)8412
   43
   411
   387
    242
    215
     27
```

❸
```
      200…21
32)6421
   64
   21
```

❼
```
      207…1
43)8902
   86
   302
   301
     1
```

❹
```
      125
32)4000
   32
   80
   64
   160
   160
     0
```

❽
```
      202…14
44)8902
   88
   102
    88
    14
```

1

❶
```
       4…9
123)501
    492
      9
```

❹
```
       3…146
273)965
    819
    146
```

❷
```
       6…13
164)997
    984
     13
```

❺
```
       3…39
306)957
    918
     39
```

❸
```
       4
237)948
    948
      0
```

❻
```
       2…135
342)819
    684
    135
```

2

❶
```
      42…30
213)8976
    852
     456
     426
      30
```

❺
```
      34…34
263)8976
    789
    1086
    1052
      34
```

❷
```
      40…56
223)8976
    892
     56
```

❻
```
      32…240
273)8976
    819
     786
     546
     240
```

❸
```
      36…228
243)8976
    729
    1686
    1458
     228
```

❼
```
      31…203
283)8976
    849
     486
     283
     203
```

❹
```
      35…121
253)8976
    759
    1386
    1265
     121
```

❽
```
      30…186
293)8976
    879
     186
```

1

❶
```
        13…23
71)946
      71
     236
     213
      23
```

❹
```
        12…58
74)946
      74
     206
     148
      58
```

❷
```
        61…26
71)4357
     426
      97
      71
      26
```

❺
```
        58…65
74)4357
     370
     657
     592
      65
```

❸
```
         13…603
713)9872
      713
     2742
     2139
      603
```

❻
```
         12…135
746)9087
      746
     1627
     1492
      135
```

2

❶
```
        11…44
82)946
      82
     126
      82
      44
```

❺
```
        10…46
90)946
      90
      46
```

❷
```
        53…11
82)4357
     410
     257
     246
      11
```

❻
```
        48…37
90)4357
     360
     757
     720
      37
```

❸
```
         12…3
824)9891
      824
     1651
     1648
        3
```

❼
```
         10…871
902)9891
      902
      871
```

❹
```
         118…191
835)98721
      835
     1522
      835
     6871
     6680
      191
```

❽
```
         108…117
913)98721
      913
     7421
     7304
      117
```

1

❶ 9−(5−2)＝9−3
        ＝6

❷ 2

❸ (6−2)×7＝4×7
        ＝28

❹ 56

❺ 60

❻ 132

❼ 3

❽ 9

❾ 12

❿ 6

⓫ 32

⓬ 84

⓭ 27

⓮ 6

2

❶ 390

❷ 24

❸ 600

❹ 60

3

❶ 23＋16×2＝23＋32
        ＝55

❷ 20

❸ 36＋48÷4＝36＋12
        ＝48

❹ 34

❺ 328

❻ 132

❼ 270

❽ 124

4

❶ 96

❷ 60

❸ 375

❹ 15

❺ 21

❻ 39

❼ 3

❽ 75

❾ 6

❿ 96

1 ❶56
　❷66
　❸20
　❹8

2 ❶28　　❼28
　❷12　　❽12
　❸27　　❾27
　❹15　　❿15
　❺13　　⓫13
　❻3　　⓬3
　(1)❼　　(4)❿
　(2)❽　　(5)⓫
　(3)❾　　(6)⓬

3 ❶8
　❷9, 9
　❸6
　❹4, 4

4 ❶480　　❻3150
　❷272　　❼30
　❸20　　❽5600
　❹20　　❾10
　❺340　　❿13000

1 ❶9　　❸11
　❷18　　❹83

2 ❶$(9+2)+8=9+(2+8)$
　　　　　$=9+10=19$
　❷$(14+7)+13=14+(7+13)$
　　　　　　$=14+20=34$
　❸$(24+59)+6=(24+6)+59$
　　　　　　$=30+59=89$
　❹$21+16+24=21+(16+24)$
　　　　　　$=21+40=61$
　❺$43+88+57=(43+57)+88$
　　　　　　$=100+88=188$
　❻$12+26+48=(12+48)+26$
　　　　　　$=60+26=86$

3 ❶$(41×4)×2=41×(4×2)$
　　　　　　$=41×8=328$
　❷$(52×3)×2=52×(3×2)$
　　　　　　$=52×6=312$
　❸$(2×74)×5=(2×5)×74$
　　　　　　$=10×74=740$
　❹$25×17×4=(25×4)×17$
　　　　　　$=100×17=1700$
　❺$50×38×2=(50×2)×38$
　　　　　　$=100×38=3800$
　❻$5×81×2=(5×2)×81$
　　　　　　$=10×81=810$

4 ❶$27×5=(20+7)×5$
　　　　$=20×5+7×5$
　　　　$=100+35=135$
　❷$109×11=(100+9)×11$
　　　　　$=100×11+9×11$
　　　　　$=1100+99=1199$
　❸$99×4=(100-1)×4$
　　　　$=100×4-1×4$
　　　　$=400-4=396$
　❹$999×2=(1000-1)×2$
　　　　　$=1000×2-1×2$
　　　　　$=2000-2=1998$

1
①0.3　⑦0.3
②0.2　⑧0.5
③0.3　⑨0.9
④0.6　⑩0.5
⑤0.4　⑪0.5
⑥0.3　⑫0.4

2
①1.2　⑧1.5
②2.4　⑨1.5
③1.2　⑩4.5
④1.8　⑪2.4
⑤1.6　⑫3.5
⑥1.8　⑬3.2
⑦1.3

1
① $2\overline{)2.4} = 1.2$
② $6\overline{)7.2} = 1.2$
③ $3\overline{)54.3} = 18.1$
④ $4\overline{)45.6} = 11.4$
⑤ $6\overline{)33.6} = 5.6$
⑥ $5\overline{)3.} = 0.6$
⑦ $5\overline{)4} = 0.8$
⑧ $6\overline{)3} = 0.5$

2
① $4\overline{)18.} = 4.5$
② $4\overline{)22} = 5.5$
③ $5\overline{)18} = 3.6$
④ $5\overline{)34} = 6.8$
⑤ $6\overline{)27} = 4.5$
⑥ $6\overline{)45} = 7.5$
⑦ $8\overline{)52} = 6.5$
⑧ $4\overline{)42} = 10.5$
⑨ $4\overline{)54} = 13.5$
⑩ $5\overline{)51} = 10.2$
⑪ $6\overline{)69} = 11.5$
⑫ $8\overline{)84} = 10.5$

1
① $0.2\overline{)4.2} = 21$
② $0.3\overline{)5.1} = 17$
③ $0.3\overline{)6.3} = 21$
④ $0.4\overline{)6.4} = 16$
⑤ $0.5\overline{)7.5} = 15$
⑥ $0.6\overline{)8.4} = 14$
⑦ $0.6\overline{)9.6} = 16$
⑧ $0.7\overline{)9.1} = 13$
⑨ $0.8\overline{)11.2} = 14$
⑩ $0.9\overline{)10.8} = 12$

2
① $0.3\overline{)60} = 20$ （6 / 0）
② $0.4\overline{)240} = 60$ （24 / 0）
③ $0.5\overline{)150} = 30$ （15 / 0）
④ $0.7\overline{)350} = 50$ （35 / 0）
⑤ $0.9\overline{)630} = 70$ （63 / 0）
⑥ $0.2\overline{)170} = 85$ （16 / 10 / 10 / 0）
⑦ $0.4\overline{)140} = 35$ （12 / 20 / 20 / 0）
⑧ $0.5\overline{)290} = 58$ （25 / 40 / 40 / 0）
⑨ $0.6\overline{)450} = 75$ （42 / 30 / 30 / 0）
⑩ $0.8\overline{)360} = 45$ （32 / 40 / 40 / 0）

1 ❶20 　❹4あまり10
　❷50 　❺4あまり40
　❸8 　❻6あまり60

2 ❶17…1 　❹14 　❼75…1 　❿132…6
　❷11…6 　❺14 　❽437
　❸12…4 　❻171 　❾94…7

3 ❶8…15 　❻7…19
　❷28 　❼9…43
　❸6…7 　❽24…6
　❹8…27 　❾20…25
　❺5…11 　❿34…12

4 ❶20
　❷292

アドバイス

　1でまちがえた人は,「何十,何百のわり算」から,もう一度ふく習しましょう。
　2でまちがえた人は,「2けた÷1けた」から, もう一度ふく習しましょう。
　3でまちがえた人は,「2けたのわり算」から, もう一度ふく習しましょう。
　4でまちがえた人は,「( ),＋, −, ×,÷のまじった計算」を, もう一度ふく習しましょう。